景观写意

——想象、设计并绘制理想花园

[英]肯德拉·威尔森 著　[英]萨姆·皮亚塞纳 绘

韩凌云　徐　振 译

中国建筑工业出版社

著作权合同登记图字：01-2020-3084 号

图书在版编目（CIP）数据

景观写意：想象、设计并绘制理想花园 /（英）肯德拉·威尔
森著；韩凌云，徐振译.—北京：中国建筑工业出版社，2020.4
　　书名原文：Doodle Gardener—— Imagine，Design and Draw the
Ideal Garden
　　ISBN 978-7-112-24612-0

　　Ⅰ.①景… 　Ⅱ.①肯… ②韩… ③徐… 　Ⅲ.①园林设计—景观设
计 　Ⅳ.①TU986.2

中国版本图书馆CIP数据核字（2020）第027314号

本书由英国Laurence King 出版社授权翻译出版

责任编辑：程素荣　张鹏伟
责任校对：王　烨

景观写意——想象、设计并绘制理想花园
［英］肯德拉·威尔森　著　　［英］萨姆·皮亚塞纳　绘
韩凌云　徐　振　译
　　　　＊
中国建筑工业出版社出版、发行（北京海淀三里河路9号）
各地新华书店、建筑书店经销
北京点击世代文化传媒有限公司制版
北京中科印刷有限公司印刷
　　　　＊
开本：787×1092 毫米　横 1/16　印张：9　字数：219 千字
2020 年 6 月第一版　2020 年 6 月第一次印刷
定价：39.00 元
ISBN 978-7-112-24612-0
　　　（35234）

如果你有一小块地并且有一个园艺专家的朋友，当他们看到你拿着铲子的时候，你会被告知，你做错了什么。种植指南固然有用，但在设计户外空间时，一定要摆脱"规则"的观念。

这个绘本是给那些寄情于门窗之外的读者而准备的。本书意在助你远离"园丁委员会"的各种规劝而进入一个充满创意的世界。铅笔素描或彩色涂画是没有风险的，但是画画是一件伟大而冒险的事情的开始。人们问花园是不是一种艺术形式，打开这本书，就可以找到答案。

肯德拉·威尔森（Kendra Wilson）

萨姆·皮亚塞纳（Sam Piyasena）

满帆远航 （In full sail）

　　花园不一定非得进去才能欣赏，甚至不必是静止的。
一个移动的花园可以像一小盘寿司那样漂动。移动花园
最重要的是在再次消失之前给人留下强烈的印象。

设计一个水上花园

出其不意的迷宫 （A maze to amaze）

花园迷宫通常用紫杉或黄杨做成的。虽然世界上最大的迷宫之一在帕尔马（Parma）附近，却是由竹子制成的。花园迷宫可以不用树篱制作，迷宫在草皮上雕刻同样有效（或者通常只有一条路的 labyrinth）。迷宫有很多含义，但一个广为流行的观点是它们象征着人生走向启蒙的道路。

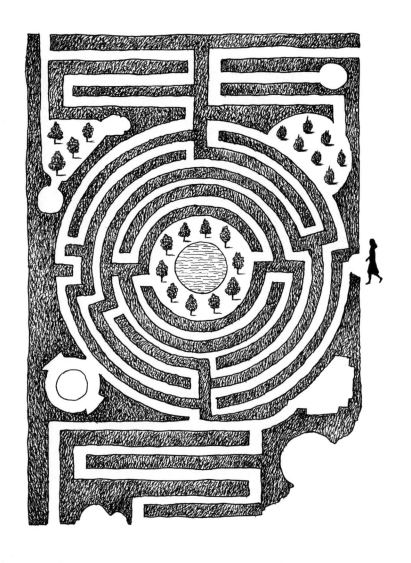

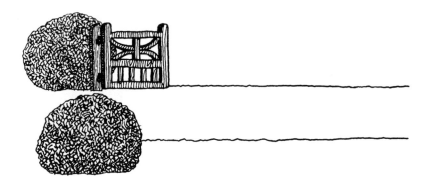

画一个花园迷宫，你会迷失在其中。
考虑用什么介质。
如果你的迷宫是一个隐喻，那它代表什么？

一点儿植物学知识 （A bit of botany）

　　植物的正式命名使用植物拉丁语，不过这种拉丁语难于发音，而且很难记住。对于花的形状，通常使用拉丁语来描述，而且这些术语听起来更为熟悉。一个星形的花是星状花（stellate），十字形的花是十字花（cruciform）。水仙花更像一个皇冠因此被称为冠形花(coroniform)。 请想想你见过的花的基本形状，是钟形、杯形、瓮形还是蝴蝶形。

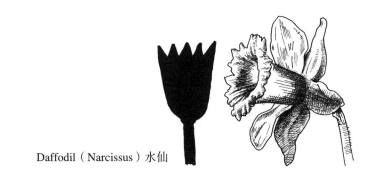

Daffodil（Narcissus）水仙

找一些这些花的形状并把它们画在这里。

Cross-Leaved Heath（Erica Tetralix）欧石楠

Wild Radish 野芥菜

Raphanus Raphanistrum

白桃花心木 （Primavera）

　　桑德罗·波提切利（Sandro Botticelli）在 15 世纪的著名画作《春》（La Primavera，也称 Allegory of Spring）中展示了一个鲜花点缀的斑斓草地。画家描绘了数百种不同的物种，有一些是已知的春季的花，而另一些则纯粹是想象出来的。

用梦幻的花朵和树叶画出你自己的缀花草坪。

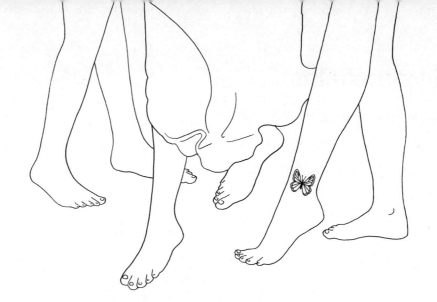

天堂乐土 （Elysian fields）

　　在花园雕塑方面，古典人物是一个安全的选择。对于其是否裸体还是着衣，我们都不会太在意。比利时艺术家杰弗里·莫塔尔（Geoffroy Mottart）喜欢通过增加花式的假发和胡须来给雕塑增添一点活力。

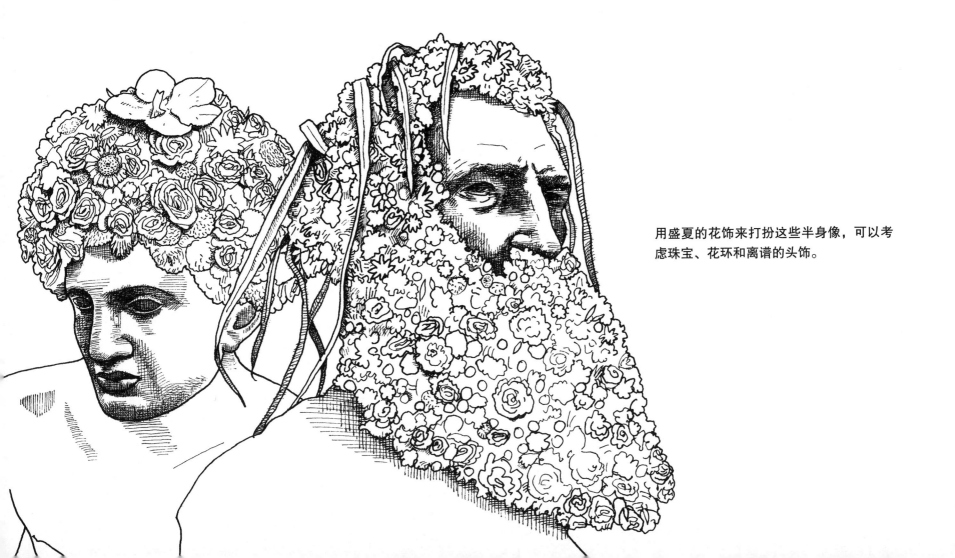

用盛夏的花饰来打扮这些半身像，可以考虑珠宝、花环和离谱的头饰。

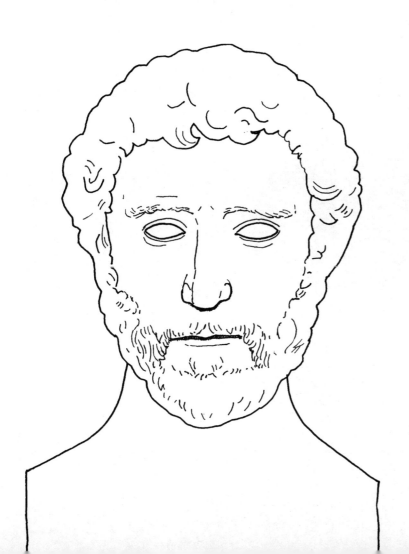

大地雕刻 （Earth carvings）

　　地形地貌已经有数千年的历史，想起希腊的圆形剧场，或者秘鲁安第斯山上被凿出的台地。现代地形可以被看作是艺术，并赋以名称，就像苏格兰的宇宙冥想花园一样（下图）。它们也可以被创造出来使空间合理化，比如在一个陡峭的花园里的斜坡上作为台阶或台地，赋予空间以理性。

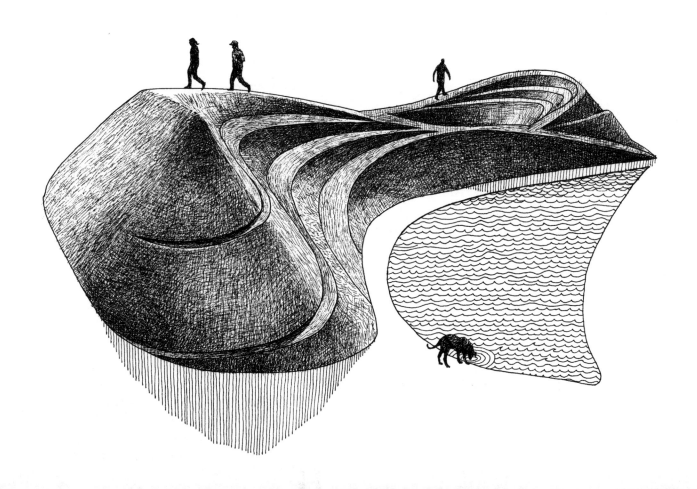

如果你有多余的土方，开挖池塘挖出来的，你将会如何处理呢？

植篱之趣 （Hedge fun）

花坛主要与巴洛克式花园中的规则式植篱。图案有关花坛（parterre）一词"在地球上"（on earth）的意思很简单。下图由勒内·佩谢尔（René Pechère）设计的心之园（the Garden of the Heart），位于布鲁塞尔的大卫和爱丽丝·范布伦博物馆（David and Alice van Buuren Museum），表达了妻子对丈夫的敬意。花坛的设计可以从纺织品、建筑的细节、树叶的骨架等方面加以借鉴。

画一个与你的地点和时间有关的花坛。

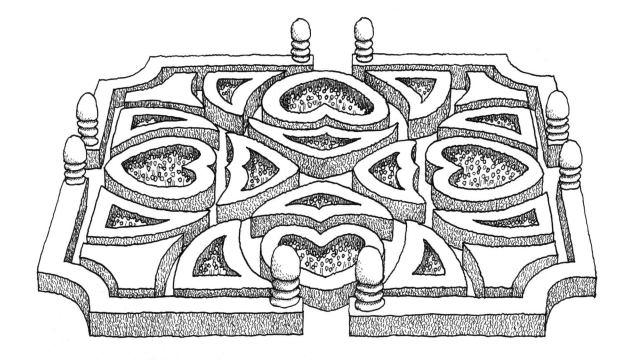

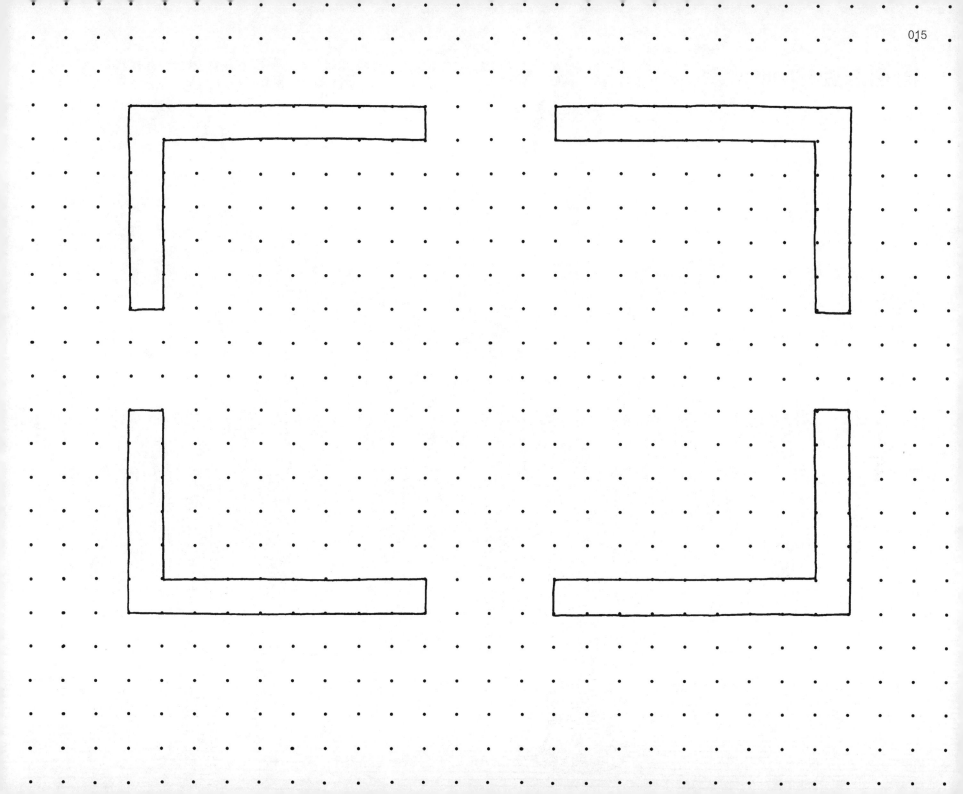

植物金字塔 （A pyramid of plants）

位于巴黎市中心的卢浮宫的庭院是一个巨大而坚硬的空间，每天都有成千上万的游客在穿过一个建筑到另一个建筑时看到。这个庭院可以被软化，而不会失去其影响力。

设想一下，把贝聿铭设计的玻璃金字塔变成一个植物建筑，想象一下大叶植物所能形成的剪影。

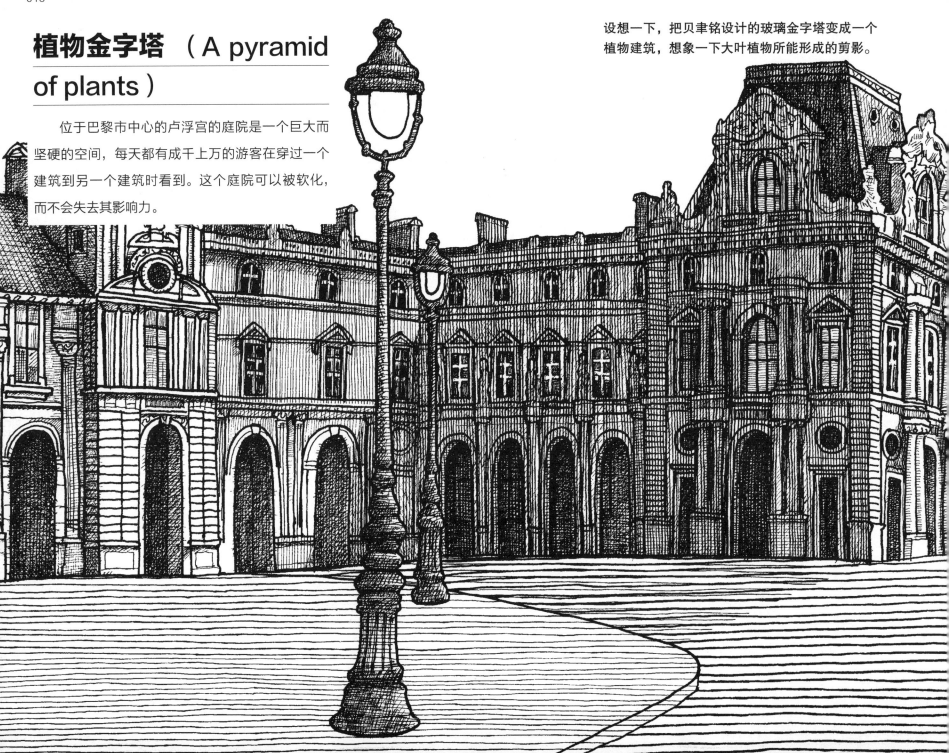

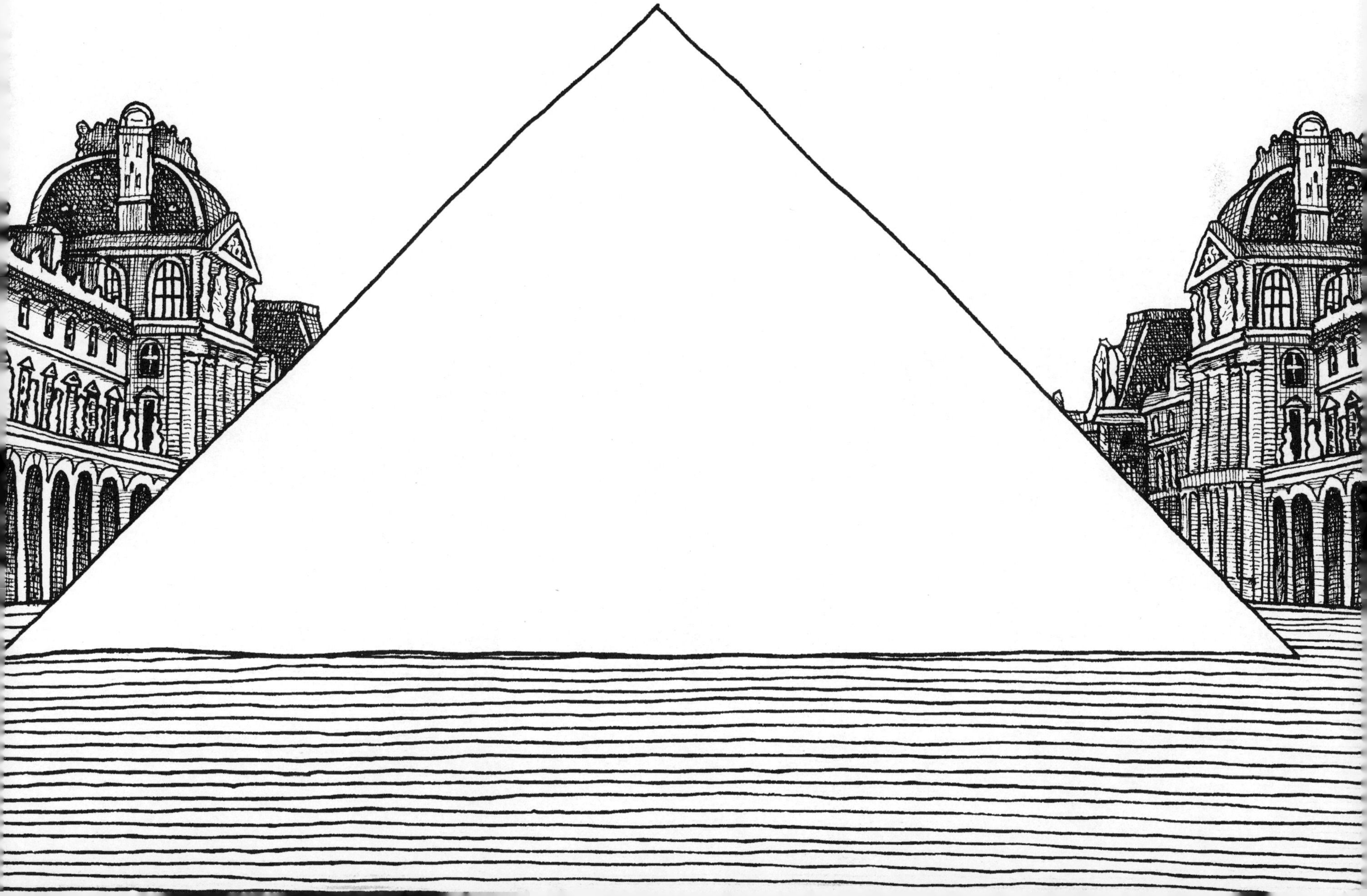

花卉设计 （Floral design）

　　格特鲁德·杰基尔（Gertrude Jekyll）设计了简单的玻璃容器来展示花园中的花，让它们可以更长久或者更宽松地适应环境。康斯坦丝·斯普赖女士（Constance Spry）因为别出心裁地展示花艺而闻名，包括其著名的羽衣甘蓝花束。她还喜欢使用完全不合逻辑的容器，例如一个银色的盘子来盛放高的花束。用插画泡沫和金属丝可以做出任意造型的花束。

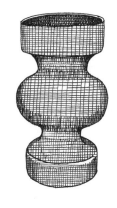

你最常采撷或购买什么花？
你会用什么容器来装它们？

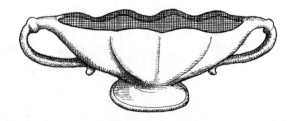

花卉装饰 （Floral decorating）

　　一个好的花匠在装饰一个顶棚很高的大房间时，会考虑到规模和场景。这些要点包括：可以用一个大型花饰而不是很多小的花饰；抵制住装满花瓶的冲动；如果你只有欧芹的话，可以大量使用它。最重要的是要记住，你是用花来装饰房间，而不是用房间来展示花。

用花儿来装点房间

绿屋 （The Green House）

宏伟的建筑周围的宽阔草坪是一种传统的显示权力的方式。想象一下，由于环境压力，美国总统不得不将其草坪缩小到目前的二十分之一。

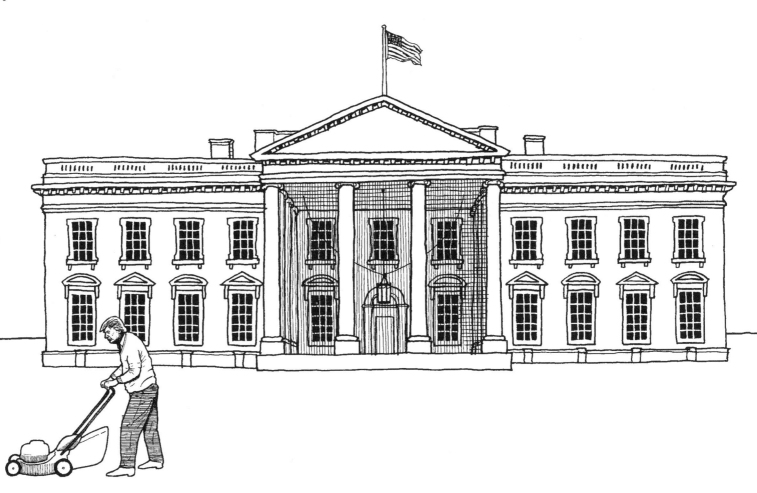

设计一个新的花园，可以用树（大的和小的）、水和小路，
以传达出强烈而有想象力的信息。

先锋派园丁 （Avant-gardener）

　　一个好的花园可能会很刺激。苏格兰的艺术家、诗人和园丁伊恩·汉密尔顿·芬利（Ian Hamilton Finlay）（也称 Little Sparta）在思考他自己的创造时说：有些花园其实是以退为进，于无色处见繁花。

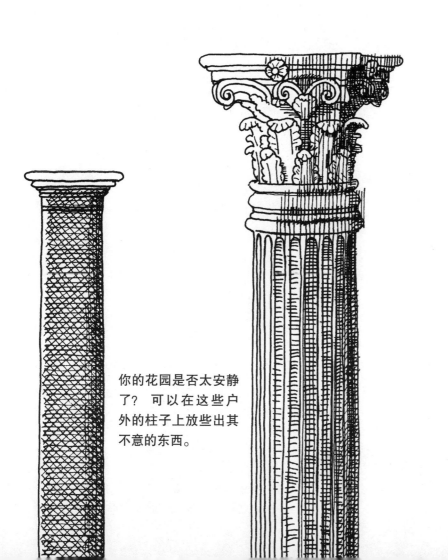

你的花园是否太安静了？可以在这些户外的柱子上放些出其不意的东西。

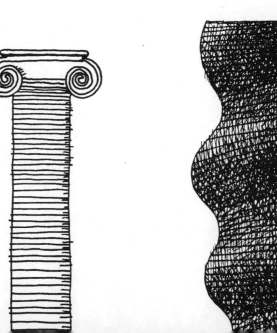

未来的椅子 （Future chairs）

先进的技术意味着椅子可以做成任何形状或颜色，并可以使用全耐候材料。不过，这些椅子基本上还是 20 世纪的设计。

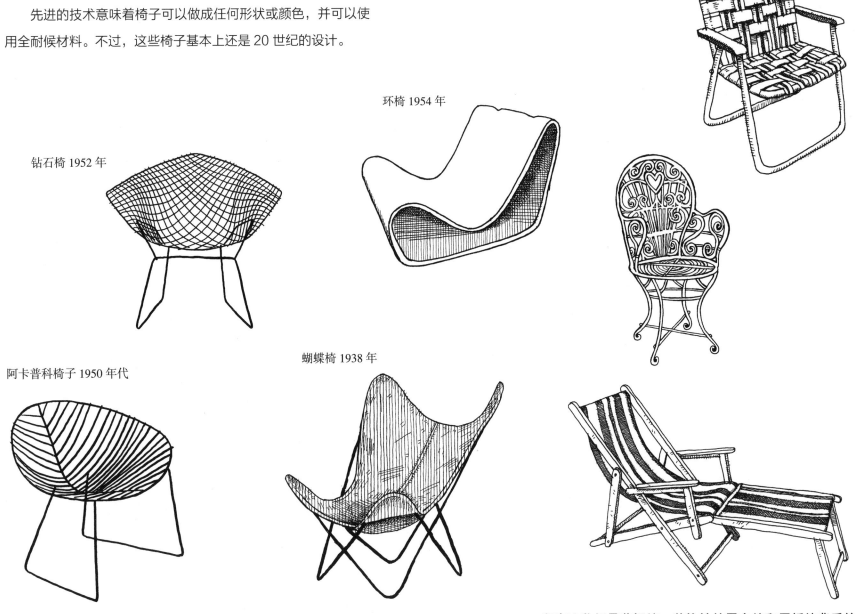

环椅 1954 年

钻石椅 1952 年

阿卡普科椅子 1950 年代

蝴蝶椅 1938 年

留意这些折叠草坪椅、装饰性的露台椅和甲板椅背后的功能，根据这些功能为每一把椅子都做出新的设计。

鸟之栖所 （Avian architecture）

　　我们不知道鸟儿对我们为之创造的东西有何看法，它们是喜欢用整块石头做成的正式鸟浴盆，还是喜欢形状像小建筑物的喂食器？我们可以从鸟类世界最好的鸟巢方式中学习。

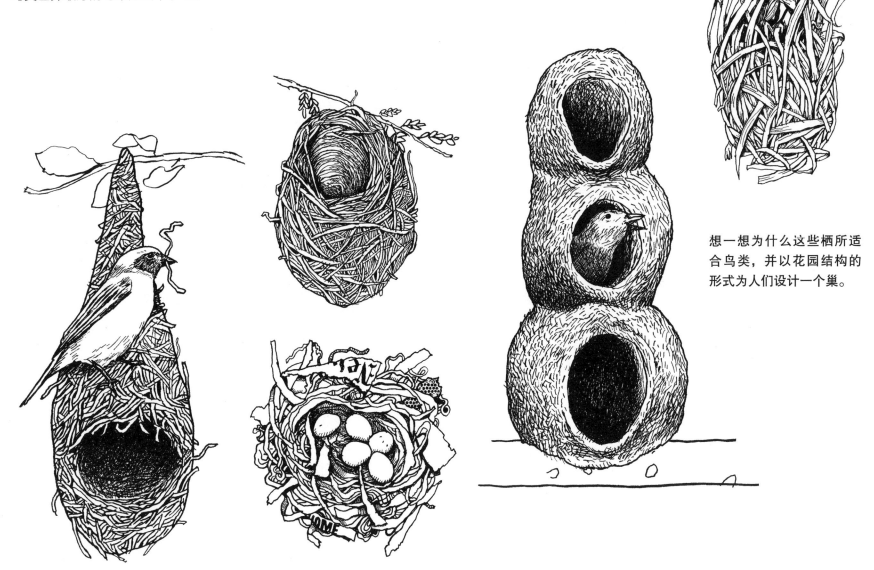

想一想为什么这些栖所适合鸟类，并以花园结构的形式为人们设计一个巢。

格网花园 （On-grid gardening）

传说中的英国园林师罗素·佩奇（Russell Page）在世界各地设计了很多花园，不过他却居住在伦敦的一个公寓中，没有自己的花园。据他所言，他自己的理想花园是像调色盒子式的方格布局。每个部分都会包括不同类型的植物：一个喜欢的，一个有用的，一个实验性的。

Hyukadanen（100 级花园）
淡路，日本

你的花园是个九宫格，你会种什么呢？

绘画和花粉 （Paint and pollen）

许多成功的造园师都受过艺术家的训练，或许最著名的园林－艺术家就是克劳德·莫尼特（Claude Monet）。巴西的现代主义大师罗伯托·布勒·马克思（Roberto Burle Marx）在景观中采用的图案与他作为画家、雕塑家和剧场设计师的经历密切相关。他由于为南半球创造了一种新的艺术风格而受到赞赏：一座连接建筑和自然世界的桥梁，大胆、曲线优美而且色彩丰富。

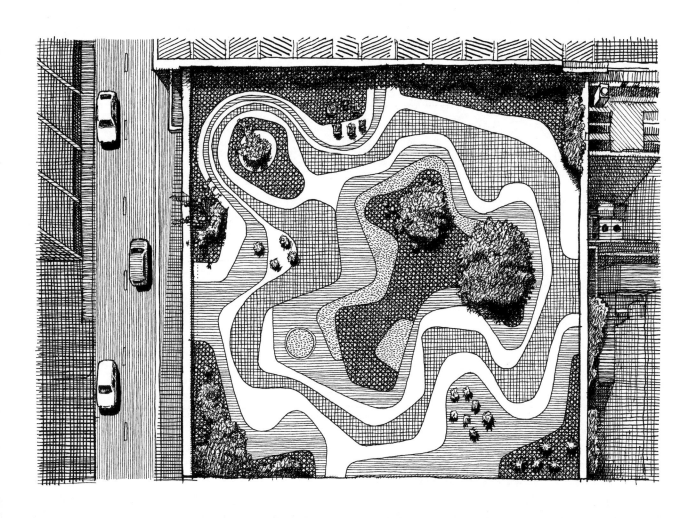

罗伯托·布勒·马克思，矿业大厦屋顶花园，萨夫拉银行（Banco Safra）总部，圣保罗，1983 年

马克思对个别植物的形状很感兴趣。请
你用这个牡丹的籽做一个花园图案。

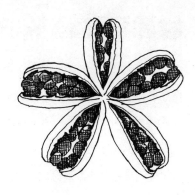

越界 （Crossing the border）

　　许多传统花园的边缘都种有植物，中间有水景（喷泉或者鸟盆）。也许可以反转一下，将植物布置在中间，而水景或野生物水池布置在边缘。

世俗的愿望 （Earthly desires）

　　公园和公共空间纵横交错，我们用最方便的方法从 A 到 B 点。期望线路常常与设计的路径不一致。

观察一下这个繁忙的花园，请根据自然形成的轨迹为之规划道路。

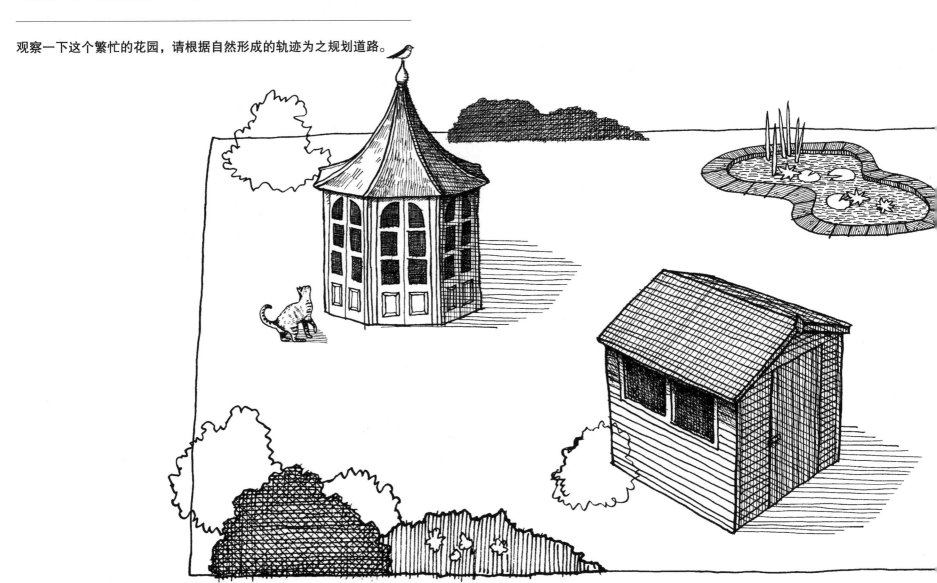

场所感 （A sense of place）

　　"请教这个地方的天才"（Consult the genius of the place in all）这是亚历山大教皇（Alexander Pope）写给他朋友伯灵顿勋爵（Lord Burlington）的诗中的一句 [后者当时正在他的 18 世纪别墅奇西克庄园（Chiswick House）周围规划一个花园]，这句诗已经成为园林思考中的重要原则。它提到了场所精神的古老理念。伯灵顿任命身兼建筑师、家具设计师和景观设计师等的威廉·肯特（William Kent）来改善公园的自然氛围。这后来被看作是英国风景运动的发端。肯特的方法是徒手画的，因为在他看来场地精神不会存在于直线上。他从记忆中勾勒出他的风景画。

选择你花园中最好的部分，或者一个你最喜欢的花园，根据记忆将之画出，想想是什么让它与众不同。

跟着那只羊 （Follow that sheep）

"自然厌恶直线"，18世纪的复兴式人物威廉·肯特如是说。他帮助设计的位于牛津郡（Oxfordshire）的卢瑟姆公园（Rousham Park）以其神秘的氛围和安静的走道而闻名。比起宽阔的林荫大道，其中的羊群更让人难忘。

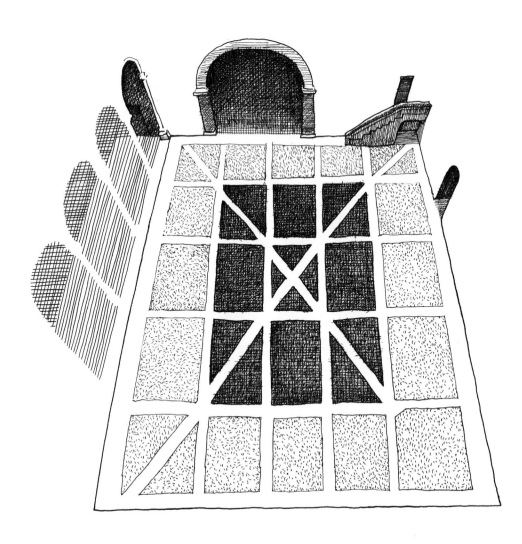

如果没有几何形的直线划分空间，这个意大利修道院会立即变得更加自然。请画出可以到达六个目的地的非直线的路径。

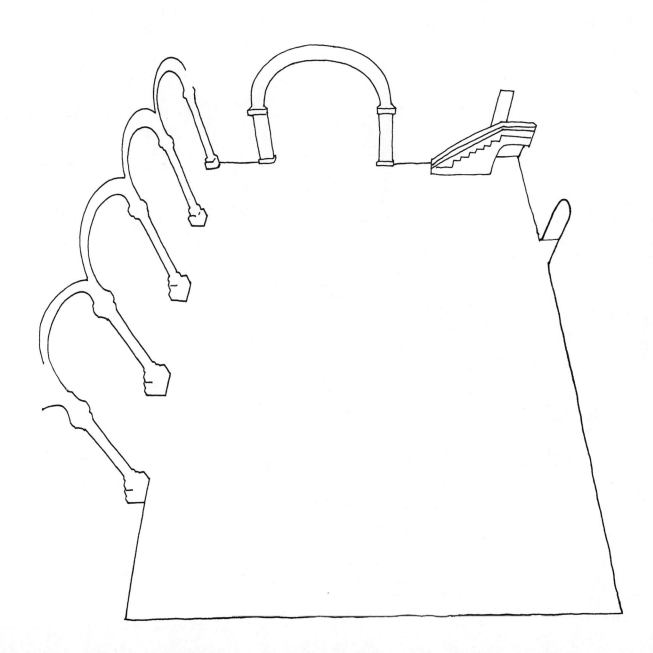

小中见大的院子 （Little big yard）

超大的植物可以赋予花园结构、高度和体量，即使这个花园很小。它们可以像硬质景观一样起作用。"建筑式"植物包括下图所示的当归、刺菜蓟、大叶草、龙舌兰等。

Gunnera 大叶草

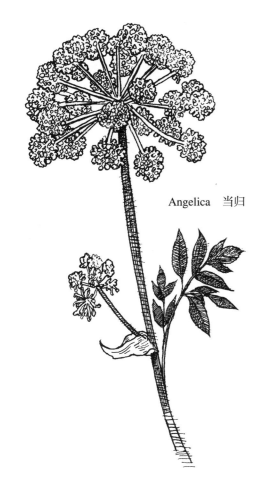

Angelica 当归

Cardoon 刺菜蓟

Agave 龙舌兰

为这个庭院花园添加建筑植物，无论是真实的还是想象的。

郁金香之恋 （Tulip mania）

在 17 世纪荷兰的郁金香热潮中，一个多孔的花瓶
（tulipière）是人们展示郁金香的理想方式。虽然很实用，但
它的外观显然可以改进从而补充花朵的优雅。

请设计一个能更让人喜欢的多孔花瓶，它
也可以用于以后摆放其他花，如大丽花。

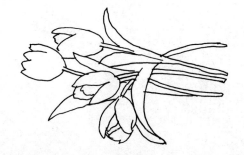

大创意 （The big idea）

最少的材料选择有助于建立一个花园的特性或主题。在纽约的高线公园中，一切都与这个场地的前身——高架铁路有关。种植于铁轨上的观赏草，适应废弃地的漆树和桦树树丛，铺装和坐凳看上去也像轨道衍生而来。

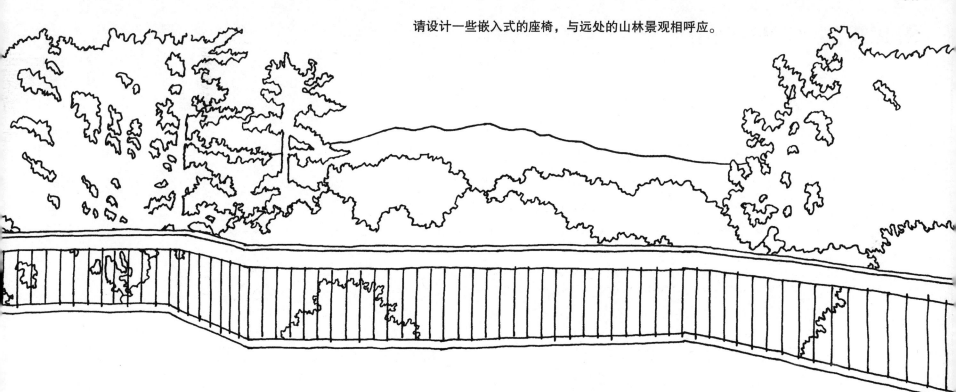

请设计一些嵌入式的座椅，与远处的山林景观相呼应。

沼泽生命 （Bog life）

  20 世纪 70 年代，位于拉兰特（Rutland）的诺曼顿教堂（Normanton）周围景观被洪水淹没，教堂变成水中建筑。拉兰特水体作为一个巨大的水库，其水体边缘的大部分如今是一个非常有价值的湿地栖息地。

在这个住宅周围设计一个花园，形成水中花园
的感觉，用石阶代替花园的小径，用岛代替土堆。

请增加一些柳树，如何让它们看上去是被半淹
没的？想想在哪里可以放一只船？

坐憩空间 （A place to sit）

把花园想象成一个绿色建筑，如果绿篱是围合户外空间的墙体，然后就应该考虑家具了。

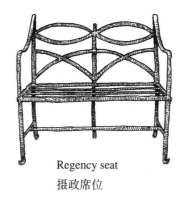

Regency seat
摄政席位

Wheelbarrow seat
独轮车座椅

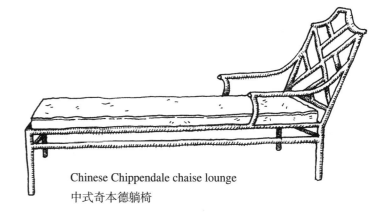

Chinese Chippendale chaise lounge
中式奇本德躺椅

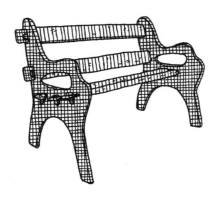

20th-century teak bench
20 世纪柚木长凳

Trapecio Bench
梯形长凳

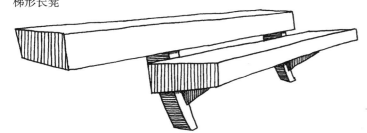

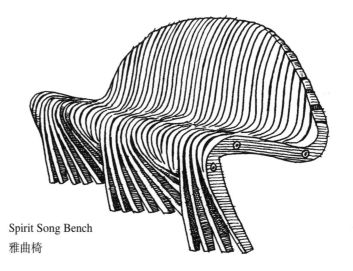

Spirit Song Bench
雅曲椅

设计一个可以配上这个植墙的长凳

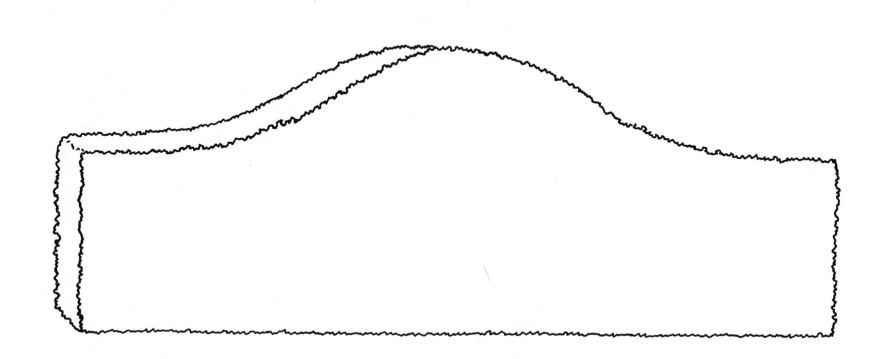

沿着花园小径 （Down the garden path）

由土人景观（Turenscape）公司设计的位于中国青岛的红飘带，部分为栈道，部分为矮墙。红飘带由红色纤维玻璃、钢材建成，包括照明、种植池以及便于动物通过的开口。如果你将这个公园看作一个颇有野趣的台地园而不是潜在的花床，这条小径则可以看作是一个观景平台以及 A 到 B 点的通路。

通过增加一条步道将这个丛林变成只有最小干预的花园。

墨西哥粉红 （Mexican pink）

在温暖的气候中，辐射色是最有效的。而在灰暗的日子里，品红色的墙不能带来欢乐，但粉红色在明亮的光线下充满活力。在墨西哥城的吉拉迪住宅 (Casa Gilardi)，建筑师路易斯·巴拉干（Luis Barragán）围绕这棵繁花满枝的蓝花楹树（jacaranda tree，开花时全树为蓝紫色）设计了他的工作场所和公寓。

请给这个庭院的墙壁上涂上粉色和另外两种颜色。

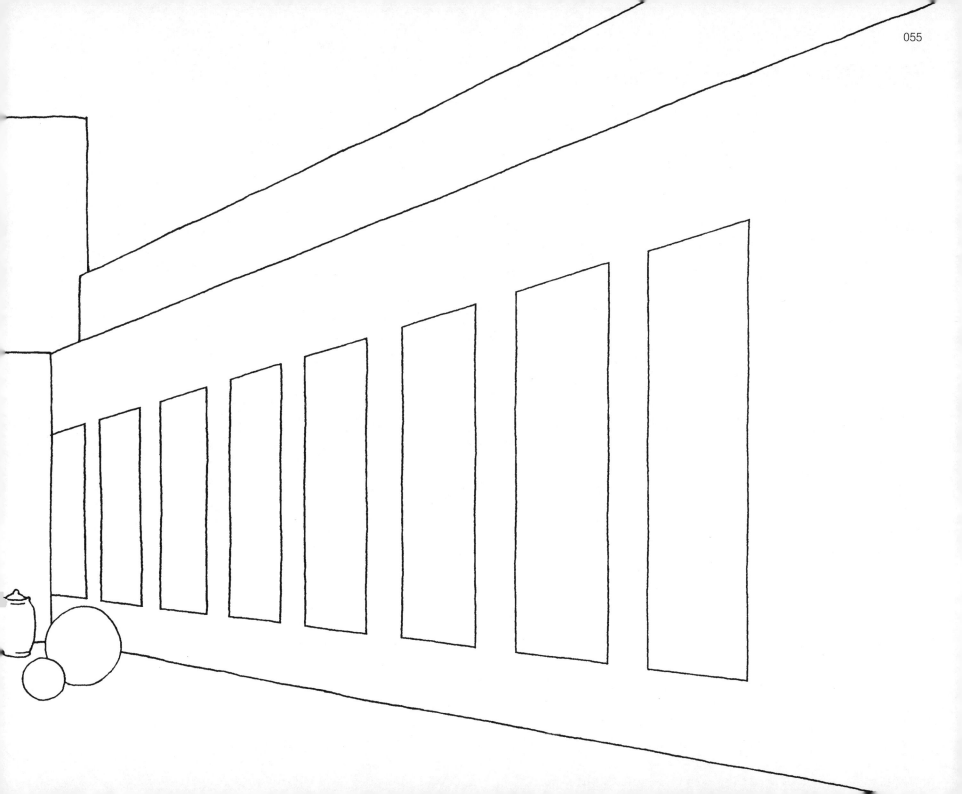

摩洛哥蓝 （Moroccan blue）

在 20 世纪 20 年代的马拉喀什市（Marrakesh），法国艺术家雅克·马耶勒（Jacques Majorelle）开始建造一个花园，他在墙上使用了一种蓝色，并用喷泉来烘托常绿植物。麦地那的瓦和油漆以及本底柏柏尔人服饰颜色启发了他采用这种深蓝色天空的颜色。他把这种颜色标记为马耶勒蓝。

给这个花园增加一些蓝色——在炎热的天气里是北非天空的蓝色，以及金色和绿松石色。然后考虑植物的颜色。

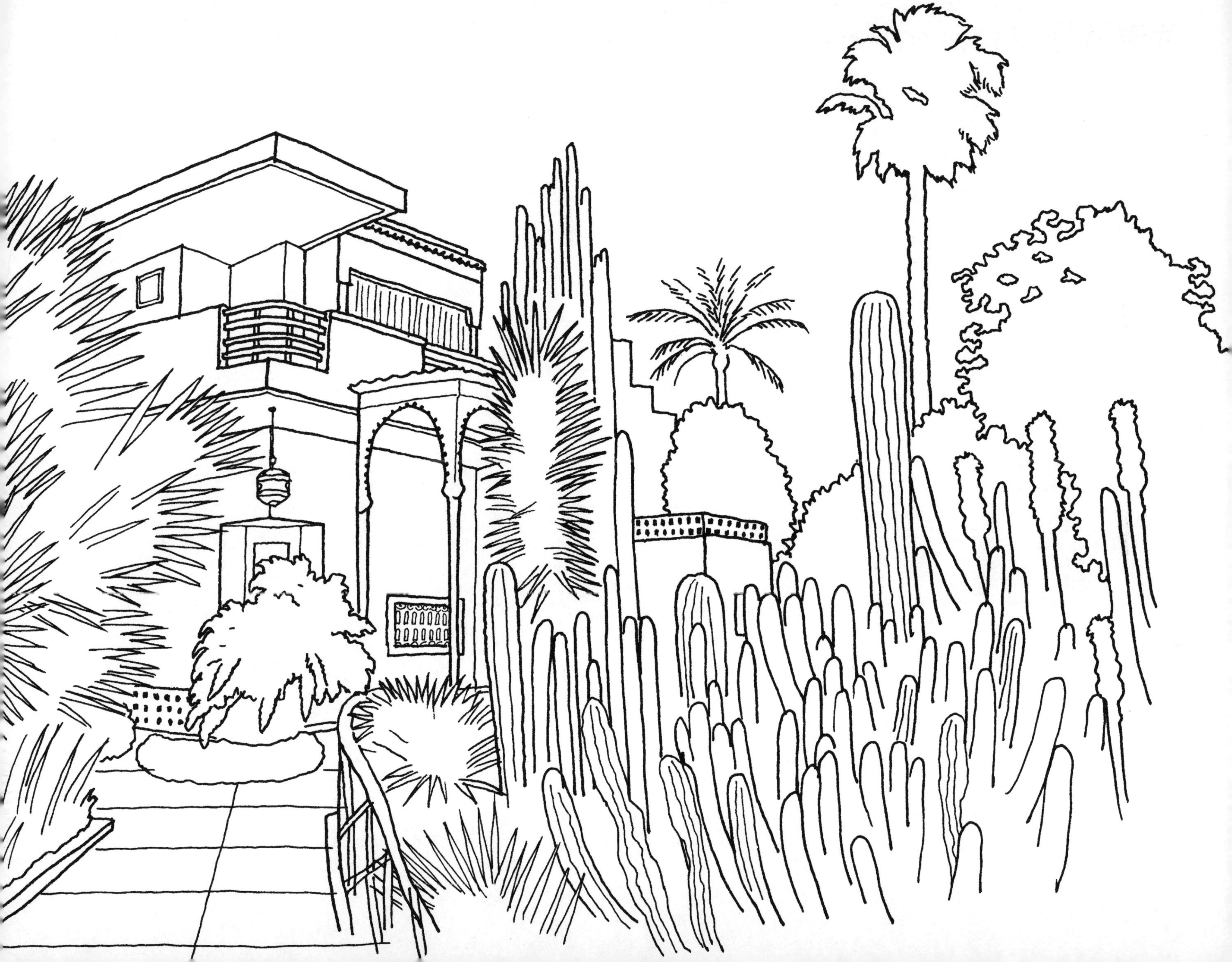

完美场所 （The perfect site）

"完美场所位于略有起伏的地面上，有健康的大树，优美的景色，或美丽的树叶背景"。20世纪的美国造园师托马斯·丘奇（Thomas Church）在其所著的《为人设计的园林》（Gardens Are For People）中如是说。不过，一个仅有高大乔木和轻微起伏地形的花园往往被看作一个"问题花园"。

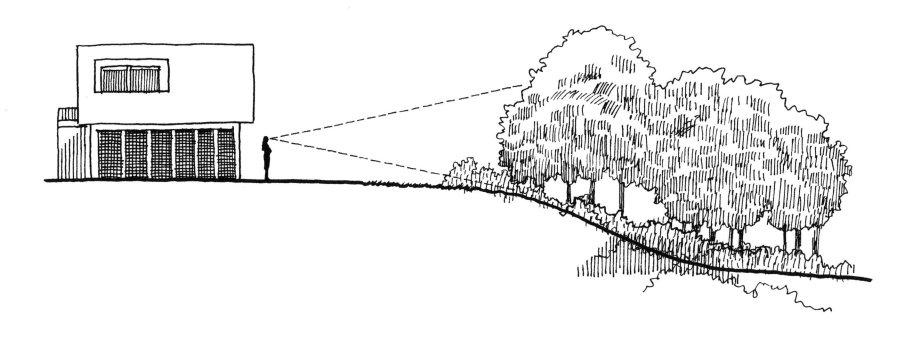

淡淡地画一个斜坡，使用粗体标记，用水平线和垂直线切割，增加一个泳池，一个小建筑，一个游憩场地等，然后画上很多健康、茁壮的树木。

往这边走 （Enter this way）

在一个完全封闭、私密，"与外界隔离良好"的花园里有一个强大的诱惑力，正如威廉姆·莫里斯（William Morris）所说。在中世纪，这类场地被称为 hortus conclusus（即拉丁语中的封闭花园）。

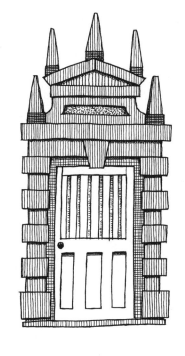

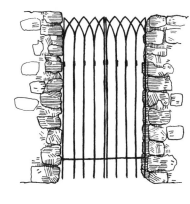

请为一个有围墙的花园设计一扇大门，记住铁艺不需要是黑色的。

负空间 （Negative space）

　　通过画剪影来熟悉树木和它们的形状。给树木一个纯色的背景将会凸显其结构。在墨西哥瓦哈卡（Oaxaca）的当代艺术馆，一个有巨大的印度月桂树的庭院被漆成白色，每棵树的后面都有宽大的彩色面板。

在这些树后面的墙板上涂上亮粉色、亮绿色和亮黄色，看看颜色如何影响树的形状。在任何一个方向继续此设计。

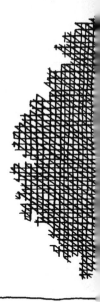

悬垂状态 （A state of suspense）

室内悬吊植物很可能被陈列在一个可以看见和容易浇水的高度。就像布景设计一样，它们是你家庭剧场中的重要部分。在 1950 年代的花园中，悬吊植物却常常被固定住，装在一个有链子的篮子里，位于不易触及之处。

设计一些美妙的悬吊植物，在任何高度，并且不要把篮子露出来。

我的花园不是停车场 （My garden is not a car park）

　　成功的房前花园通常被缩减为几个元素，并且不包括汽车。

只使用四个元素（如乔木、陶土等），
就可以充分利用这个建筑前面的空间。

野境 （The wilderness）

　　"把大自然带入后院并不容易"，美国造园师托马斯·丘奇（Thomas Church）写道。另一方面，几百年来，人们却已经将造园理念带到野境中。一个野境花园可以简单到在一个未开垦土地上放上两把椅子。

将这个景观变成一个临时花园，不要试图"驯服"自然。

未名之乐 （Unknown pleasures）

　　对园艺的执念有助于形成你的个人风格，让自己相信某些偏见是很有意思的。

找一朵你不喜欢的花，或者一种入侵性植物如牵牛花，以近距离特写的方式画它。看看这样是否会改变你对它的感觉。

绿色派对 （Green party）

多刺的仙人掌在炎热干燥的地方生长良好，直到有人驾驶着推土机到来时才引起注意。在这个临时的花园里，等距的普通混凝土板和塑料花盆，再加上仙人掌的布置形成了一个聚会场所。派对时间到了！

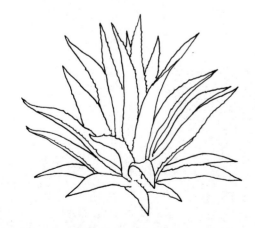

请采用廉价的材料和一种当地的野草设计一个派对场所。

户外办公室 （The outdoor office）

这个停车场的管理员把工作场所变成了花园，从而改善了工作环境。

请加上你自己的植物，同时考虑阴凉和不透水的花盆浇水的可能性。

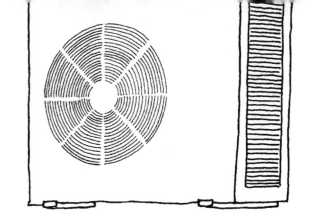

废墟之美 （In ruins）

　　废弃的、没有屋顶的建筑可以为植物提供舒适的遮蔽条件，包括光照和雨水。

从纵向和横向考虑，在这个废弃的回廊里设计一个花园。

请将我围起来 （Do, please, fence me in）

垂直的、水平的或者对角线条可以给静态的平面以动感，就像这些来自 Terremoto Landscape 公司的木栅栏图纸所展示的那样。

考虑一下栅栏上图案的潜力。它们是如何受到
植物的影响的？地面也可以这样考虑。

盘绕的蔓藤 （The entwining vine）

常春藤覆盖的建筑曾经是很常见的，不过这种攀缘植物在 20 世纪末大多被清除了。常春藤需要很好的养护才不会建筑淹没其中，反过来，从开始的时候就需要牢固的结构来支撑。

当心风，把这个建筑覆盖上任何形状和颜色的攀缘植物。

玫瑰花床（或者其他芳香植物）（Beds of roses and other fragrant things)

花坛可以做成任何东西，即使是一张旧床。

你怎么在这张床上种满植物？

苔藓为王 （Moss is boss）

苔藓在地球上的存在时间比其他植物都长2亿年。它是一种原始的生物，填满了裂缝和缝隙，并提供柔软的绿色形式，在日本园林中有特殊的价值。只需使用一些其他材料如岩石、水和偶尔使用的造型优美的树木时，苔藓可能是你唯一需要的绿色植物。

在这个场景中增加水和苔藓，考虑
一下柔软的纹理如何影响氛围。试
着搭配大小不同的苔藓和丘状苔藓。

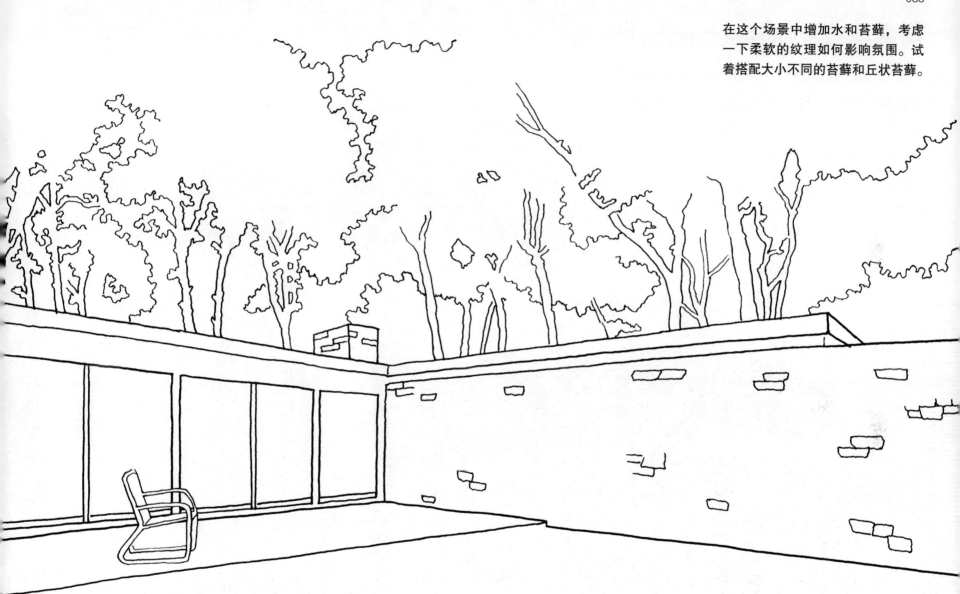

树之家族 （Tree family）

　　想想你最喜欢的树木。一旦你给它们一些考虑，其形状
会变得更加有趣，你会越来越注意到它们。下图这组树（从
左起）可以被描述为不规则的、伞状和柱状的。此外，还有
金字塔形或棒棒糖形等树冠形状。

**确定一些好的树形，并将它们添加到这个梦幻的小树林中，
而不必担心规模和气候等实际问题。**

Stone pine　石松

Cedar of Lebanon　黎巴嫩雪松

Cypress　柏树

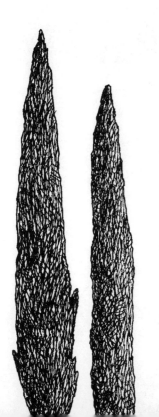

恭请品尝，对植物而言（'Drink Me' potion, for plants）

盆景是在盆中创造缩微景观的一种方式。如果你能做一片玫瑰或者菊花的林地会怎样？

采一朵花，依照它重复画出一片森林。

在这取景 （Picture this）

花园中的框架增加了高度和结构，同时形成新的视角。右图中的这个拱门是纽约萨加波纳克（Sagaponack）花园的一部分，它被漆成亮黄色。

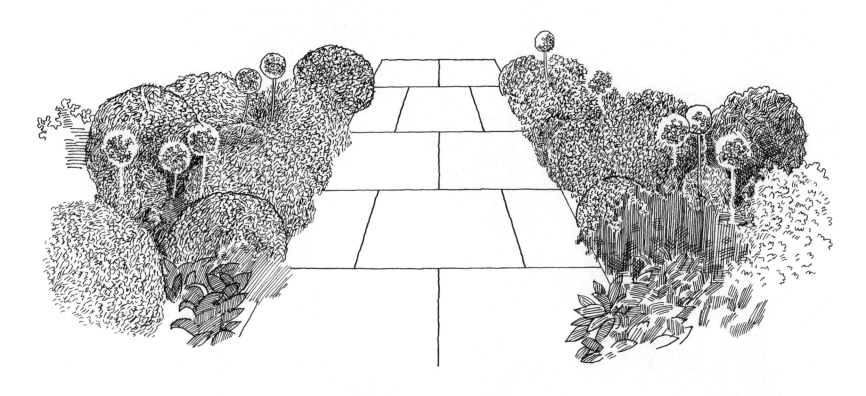

把这个花园装扮起来，在任何材料中使用任何形状。

能量之园 （Power gardening）

巴塞罗那的圣兰布拉花园酒店（Jardins de la Rambla de Sants）
是围绕着一条铁路线而建造的。一条玻璃隧道在街道上方延伸，攀缘植物
在混凝土支架上攀爬，支架将路面连接到火车走廊上方的高架人行道上。

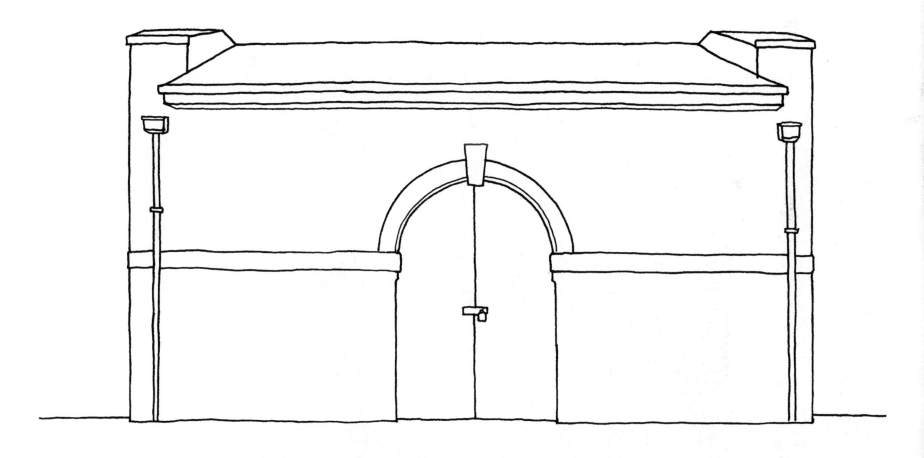

把这个变电站变成一个积极的资产，换言之，一个植物生长的支持物。

交谈地点 （Talking point）

在古希腊和古罗马，半圆形坐凳（exedra）是一个隐蔽的户外谈话场所，它有时在门廊里。在 18 世纪，这种形式演化为围合的绿篱，并有凹处用来展示古典雕塑。

请设计一个将户外交流和雕塑结合的新途径。

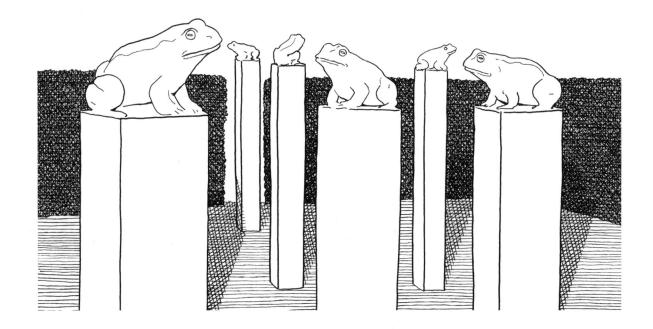

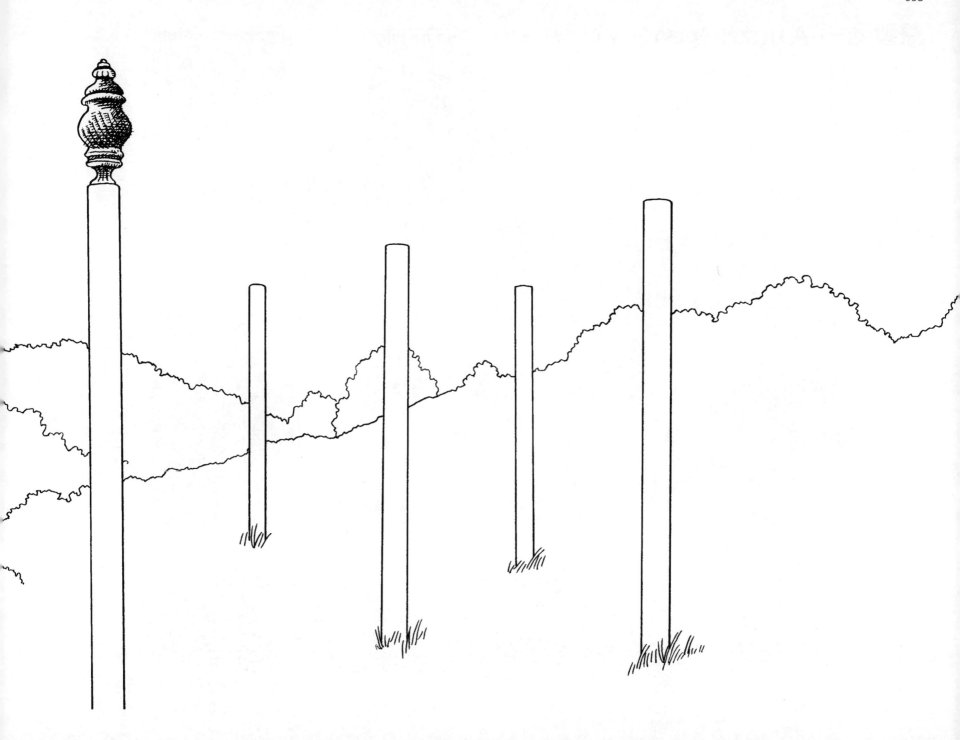

益智园 （A puzzle garden）

　　从地上升起的植床花园比一系列让人背疼的低植床的花园更容易打理。一个模块化的沙拉花园，如图所示，作为一个临时的、可食艺术设施布置在洛杉矶的盖里美术馆（Getty Museum）中。

设计一个有抬高植床的花园，在格网内设计任何形状。为吃饭、躺下、划水等活动留出空间。

新水池 （New pools）

　　传统形状的游泳池并不总是与房屋的建筑或景观的感觉相得益彰。当奥斯卡·尼迈耶（Oscar Niemeyer）1951年在里约热内卢附近建造他的房子——卡诺阿斯之家时（Casa de Canoas），他对游泳池的流体设计从建筑物中延伸出来，让大块的岩石从浇筑的混凝土中露出来。

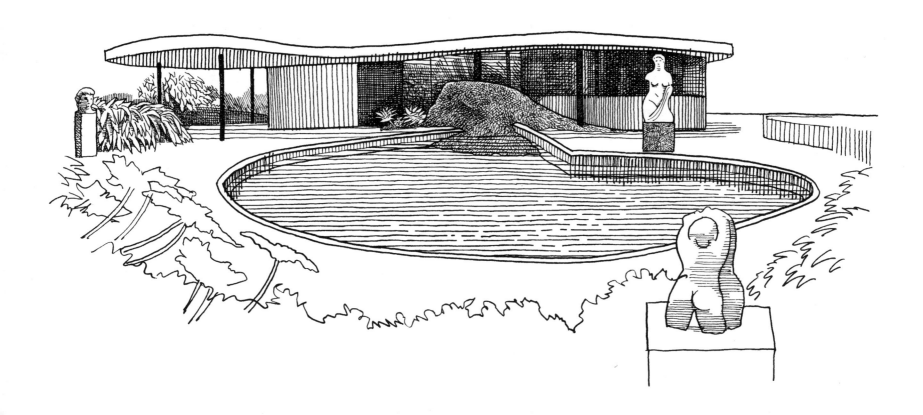

在这所房子周围设计一个新的水池，同时要考虑其和谐的位置。

旧水池 （Old pools）

如果你购买了一处住宅，在游泳池的峭壁上长满了树，你有三个选择：修复水池、拆了水池或者将之改造。

给这个旧水池注入新的活力，请考虑小岛、树木或大型沼泽植物。如果你把它改造成野生动物，考虑增加脚踏石和栖息地。

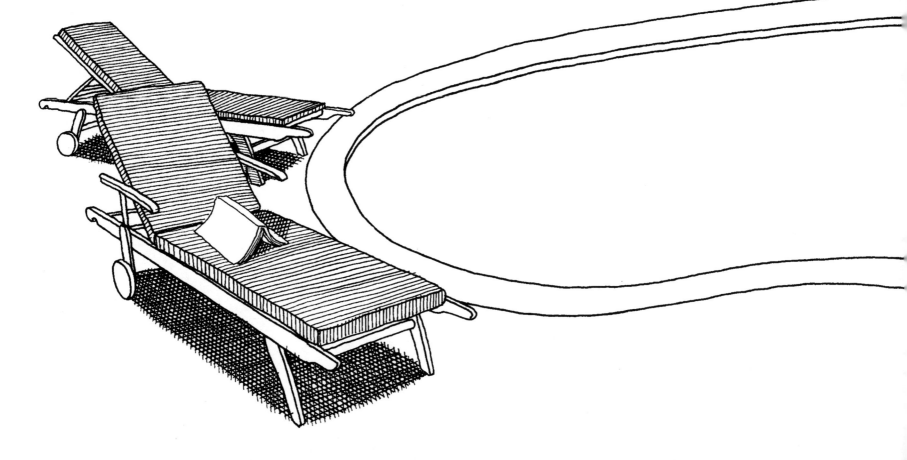

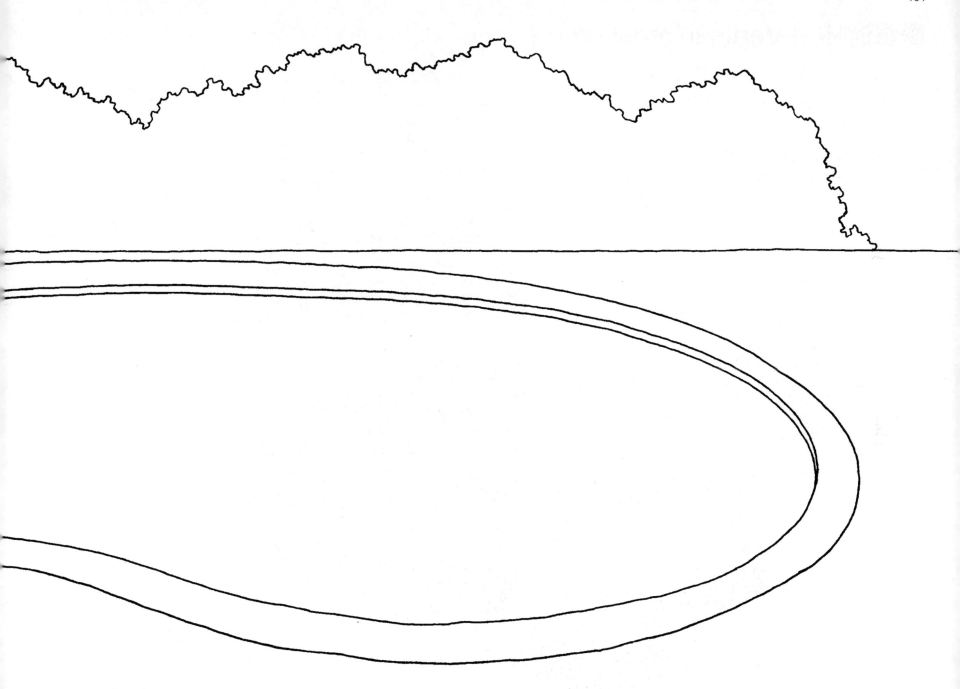

垂直造林 （Vertical foresting）

在房子附近种植的树木在冬天能起到隔热作用，而在夏天可以起到降温作用。建筑师斯特凡诺（Stefano Boeri）设计了人类栖居的树塔。这个位于瑞士卢森的雪松塔（Tower of Cedars），上面种满了周边地区常见的树——雪松。

在结构工程合理的情况下，请在这些建筑的水平面上种植树木。

东方修剪 （Eastern topiary）

云形修剪夸大了灌木的不规则形式，并可以疏密相间。除了紫杉和黄杨，很多常绿乔木和灌木也可以进行日式修剪（Japanese Niwaki pruning），例如红景天（Phillyrea latifolia），在没修剪时它很像西兰花。

竖切西兰花，并观察它的茎和侧枝。将之看作一棵树，
画出这半颗西兰花，并将之掰秃。

融合修剪 （Fusion cutting）

　　这种在北欧已经流行了许多世纪的修剪与原生乔木或灌木的自然生长趋势几乎没有关系。日式修剪看起来也同样精细，虽然它的灵感来自于主题和生长方式，而不是来自于修建者刻意将之修剪成一个孔雀。

Arts & Crafts　艺术与技术

Niwaki　日式修剪

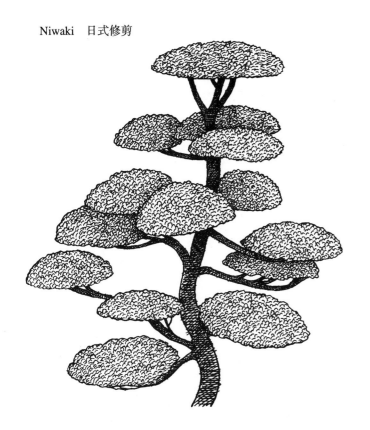

在这个传统的英式农舍花园中加入多种修剪风格的植物。

在这个地方种满树 （Fill this space with trees）

在莫斯科的红场上种满了树，这些树木与红场的建筑造型形成了互补或对比。

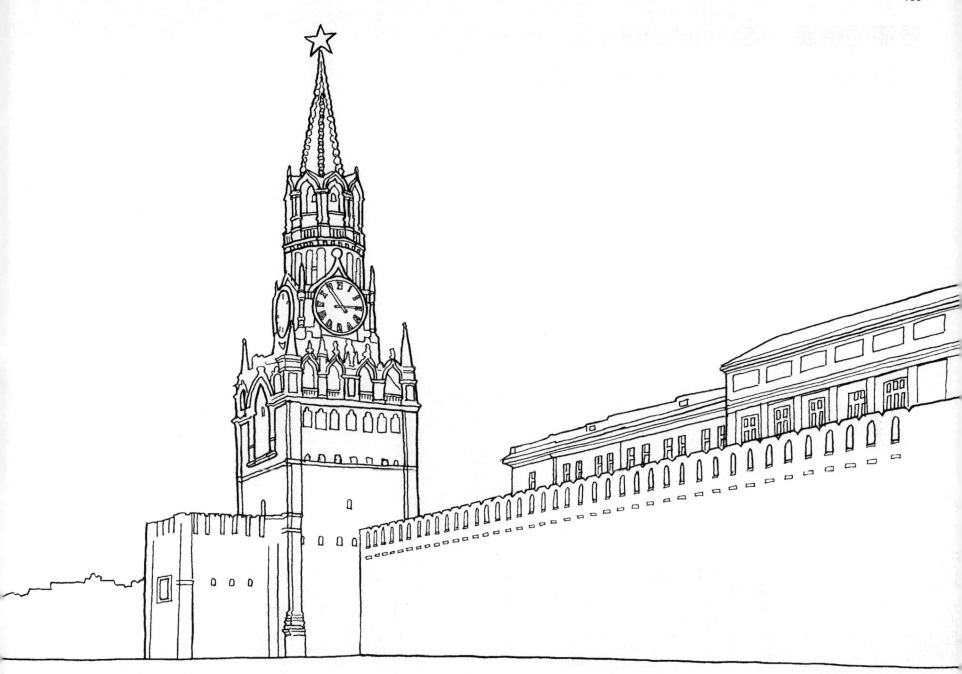

壮丽的小品 （Sublime folly）

"华而不实、矫揉造作和一无是处"是风景园林师和作家约翰·克劳狄斯洛顿（John Claudius Loudon）这样描述 19 世纪初的花园小品的。从今天的角度看，它们都是无伤大雅的，并且若能兼有这三个形容词所描述的特点，倒也不错。这些装饰性的大家伙有很多不同的名字：洞穴、亭子、亮眼物、动物展览、小屋、雉舍、橘园、隐居处、渔庄、鹿舍、庙社、祭台、露台，或者图上这个古堡中可以穿越的方尖碑。小品可以用来增加氛围，同时凸显景观或者成为景观的焦点。

设计一个"无用的"花园建筑，能够在视觉上增强你周围的环境。

生死攸关的事 （A matter of life and death）

墓园是草地、墓碑、树木的理想环境，入口门廊提供了高度感和视觉焦点。墓碑可以用来作为硬质景观，作为植物生长的支撑、台阶、桌子等。

将这个墓园变成一个野境花园。

飘浮在空中 （Floating on air）

外观独特的空气植物不需要土壤，仅仅需要阳光和空气。我们常常忍不住将其放在熟悉的容器中，如一个盆中或球形玻璃容器中。其实在野生环境中，它们可能在一些出其不意的环境如树皮上生长。

为这些不同品种的铁兰设计新的玻璃瓶架，并让它们在空中生长。

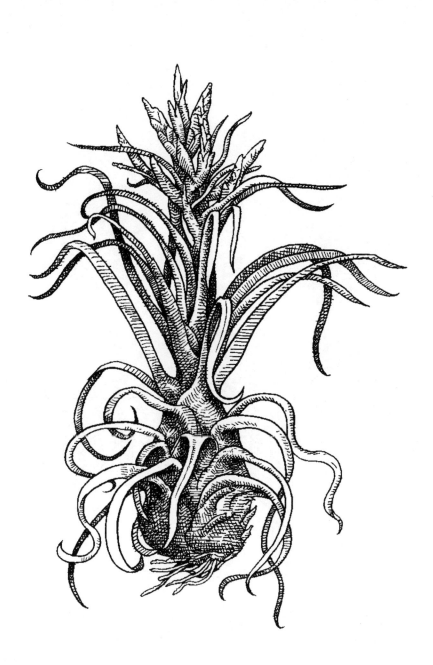

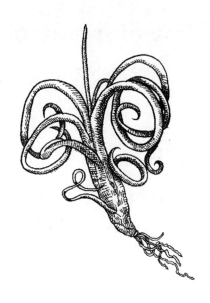

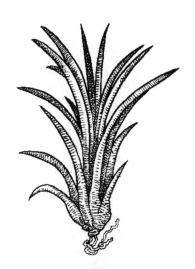

空中植物日 （Day of the air plants）

在自然的潮湿和热带条件下，空气植物像种子一样生长。想象一下它们非常大的情况。

将布莱顿西码头上覆盖上超大的空气植物。

人间天堂 （This side of paradise）

天堂花园是在一个住宅或内院中，各边被墙体围合的花园。隐匿在繁华的街道之外，这些花园是四分式并再划分的，它们的直线被喷泉和悬吊植物所打断。城市噪声由滴答的水声和鸟鸣替代。

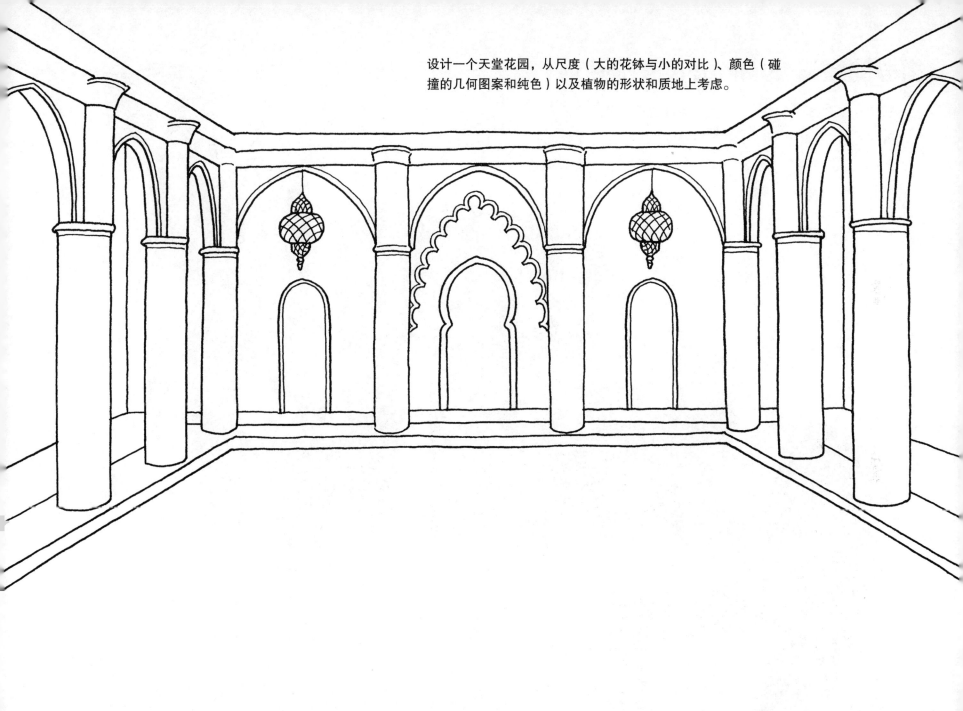

设计一个天堂花园，从尺度（大的花钵与小的对比）、颜色（碰撞的几何图案和纯色）以及植物的形状和质地上考虑。

粗心的绿篱 （Heedless hedge）

在 17 世纪 60 年代，善于思考的造园家约翰·伊夫林（John Evelyn）写道，"天底下有没有比坚不可摧的树篱更辉煌、更令人耳目一新的东西呢……？"对此，我们可以回答，当一个树篱没有明显的作用时，它会令人耳目一新。

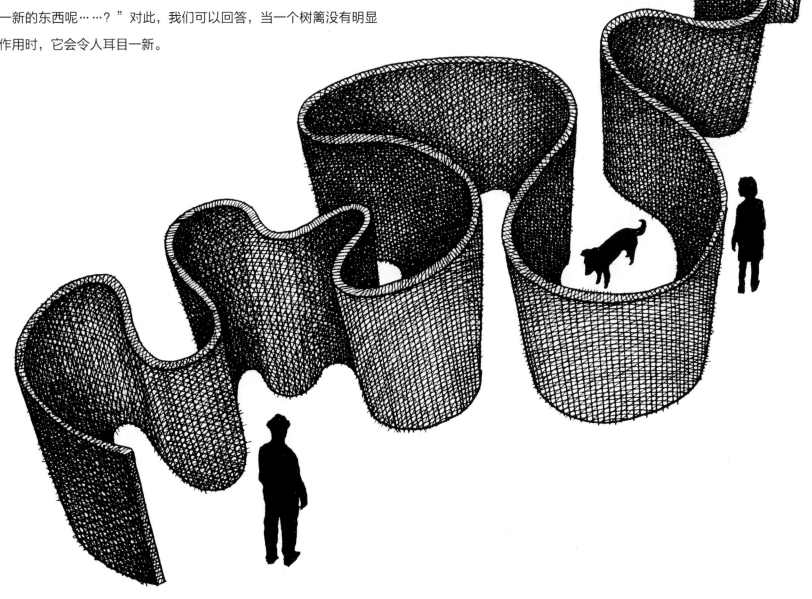

在这些冬日的树上或周围画一个树篱或栅栏。

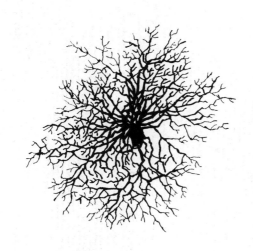

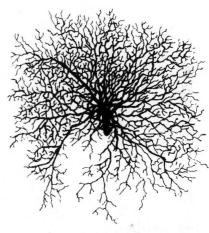

请记住，纯粹是视觉上的，不实用。

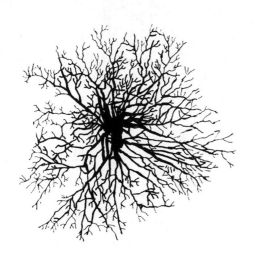

在这个地方种满树 （Fill this space with trees）

为了在东京涩谷进一步展示日本技术，请尝试配置树木。
它们可以移动、可以在空中生存，可以作为全息图或广告出现。

高与低 （High and low）

树木的配置可以是戏剧性的。一栋小建筑并不
总是需要一棵小树。

通过增加树木来形成一个环境背景，并将人们的注意力引向建筑。

缘石吸引 （Curb appeal）

用非常简单的方式可以让房子从街上看过去更好。

如图中左侧，仅种植三颗耐旱的多肉植物就可以实现。

把隔壁的墙改造成一个简单的花园，再加上一颗形状良好的植物。

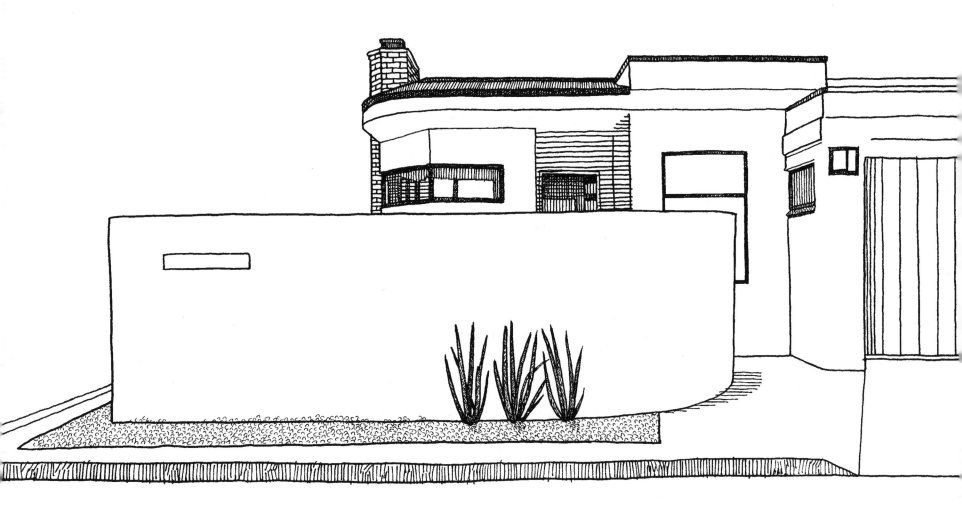

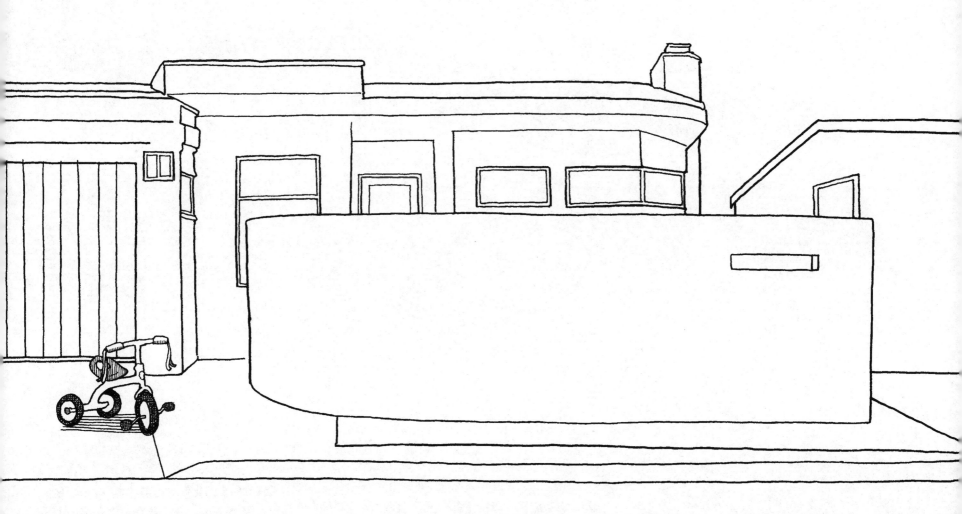

注意，请别碰 （Look, don't touch）

禅宗花园采用象征性的布局，是凝视之境。石头的选择是根据其形状和大小，就像沙海中的山脉状岛屿。这个可以暗示水流，形成了宁静的效果。

在这些岩石和灌木周围画出惊涛骇浪而不是平静的涟漪，看看它们是如何改变大气的。

花园里面徜徉 （Round and round the garden）

没有人是一座孤岛，诗人约翰·邓恩（John Donne）写道。不过，一个花园可以是一座岛，尤其是当其位于道路环岛的中间仅有有限入口的情况下。

设计一个自给自足的岛上花园，并常去看看。

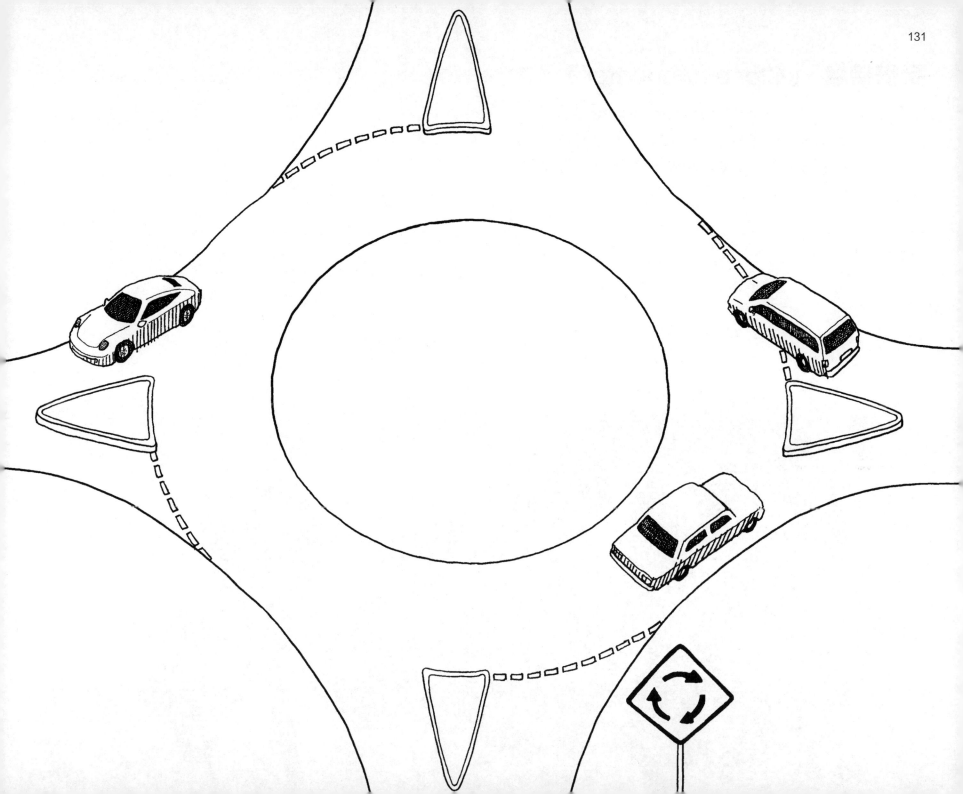

亲密接触 （Close encounter）

想象一下坐在椅子上体验花园，不是从通常的距离而是在花园正中间，可以闻到或者接触到植物。这时，可以从非常近的位置看到花，可以在升高的植床上种植芳香馥郁植物如紫罗兰或百合。

考虑在不同的高度都种上植物。检查一朵
与你不一样高的花，把它画直。

在这个地方种满树 （Fill this space with trees）

在纽约的时代广场上种满树，不要把广告完全遮住，同时为那些不看这些广告的人提供一个视觉过滤。

保留树木 （Save the trees）

在改建或新建项目中，一棵大树或者一组树木可能看上去碍事。但是一棵漂亮的树木有很多好处，包括保护自己不受自然因素的影响和不受欢迎的景色。换言之，保留它。

画出在这个建筑中长出来的树

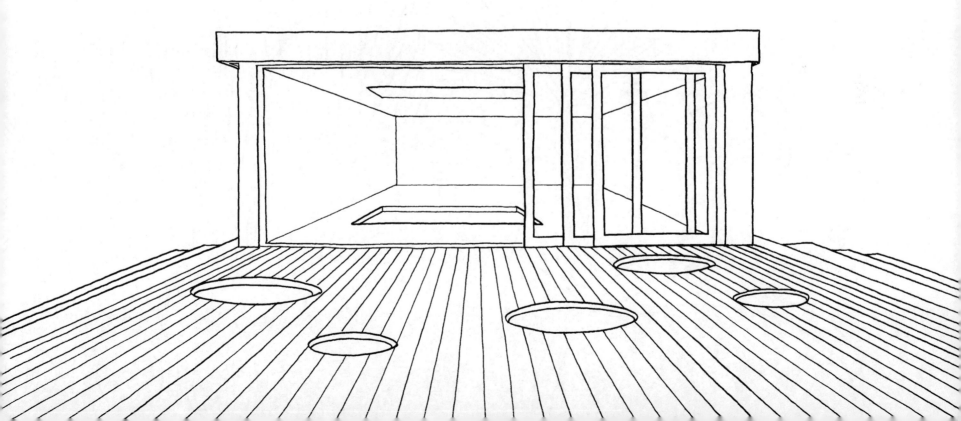

翠绿 （Verdant green）

　　绿色是可以给花园带来和谐的颜色，绿色与绿色相得益彰。如果附近有银绿或黄绿色植物，树荫可以与之形成强烈的对比。同样颜色的不同绿荫还能让人注意到不同形状和肌理。

只使用绿色（用尽可能多的不同绿色），让这个多肉植物和仙人掌的干旱花园勃勃生机。

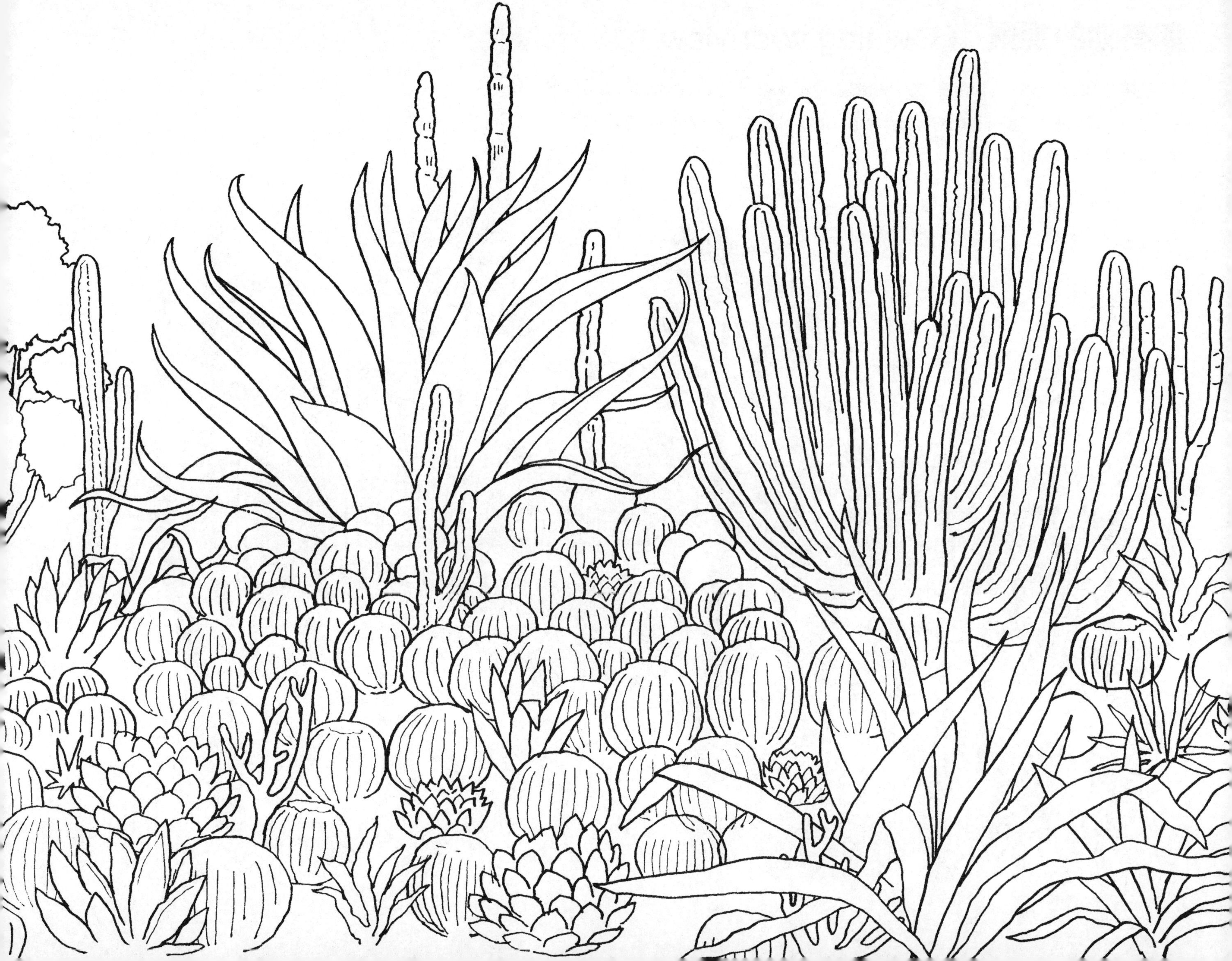

拥有你的视景 （Owning your view）

如果你的地块上没有花园围墙，仅有吊桥或者隐垣，那它是天堂还是地狱？在野外，这种做法可以让视野不受障碍物的遮挡。为了私密性，你的房子可能会被抬高，或者在树木和灌木后面被部分遮挡。

隐垣是一个下沉的边界。在你家周围画一个没有围墙的私人花园。

致谢 （Acknowledgements）

我对这些朋友表示感谢和歉意：Batty Langley、Paul Manship、Joseph Valentine、Julian、Isabel Bannerman、Patrick Baty、Jason Ford、Loose Leaf Studio、Bryan's Ground、the Plant garden、Nostell Priory、Sol Lewitt、Stud/D/O/Architects、Lazzarini Pickering、Paolo Pejrone、Madoo Conservancy in Sagaponack。

衷心感谢洛杉矶土人景观（Terremoto Landscape）的 David Godshall。非常感谢英国 Niwaki 的植物云形修剪专家 Jake Hobson。

最后，感谢 Eleanor Ridsdale 设计了这本精美的书。我们还应该感谢本书孕育过程中 Laurence King 出版社提供支持的诸多同仁：Jo Lightfoot、Liz Faber、Sara Goldsmith、Donald Dinwiddie、Angus Hyland、Laurence King 出版社。

感谢 Ava Nancy Powell 和她睿智的建议。

肯德拉·威尔森

感谢 Beverly 和 Suki 的无与伦比的建议、鼓励以及咖啡支持。尤其感谢爸爸和妈妈（和他们的月季）、Sandy、Vas、Sophie、Sonny 和 Harry。感谢 Barbara 的园艺专长和她打理蜗牛的工作。

萨姆·皮亚塞纳

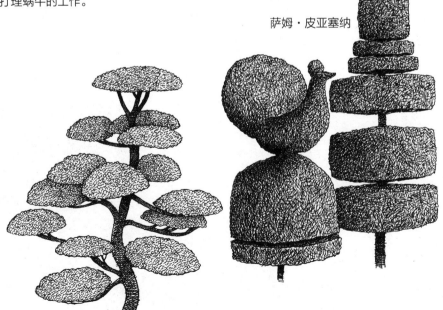

肯德拉·威尔森（Kendra Wilson）也是《我的花园是个停车场》（My Garden is a Car Park）和《其他设计》（Other Design Dilemmas，2017）一书的作者。她与创意总监 Angus Hyland 共同创作了几部 Laurence King 出版社的作品，包括 "The Maze: A Labyrinthine Compendium"（2018）。肯德拉主要撰写关于园艺的文章（如 Sunday Times, House& Garden, Garden Lllustrated 等），是美国超级博客 Gardenista 的定期撰稿人。

萨姆·皮亚塞纳（Sam Piyasena，又名 Billie Jean）是一名驻伦敦的插画师，他的客户包括耐克、索尼和 BBC 等。他曾为英国文化协会举办国际艺术研讨会，并在多所艺术学院担任客座讲师。他还是一位作者，与 Beverly Philp 一起创作了《画出来就行》（Just Draw It，2013）和《画出来吧》（Just Paint It，2014）。